高等职业教育土木建筑类专业教材

建筑工程测量实务

主　编　梁　磊　王　宁
参　编　张伟佳　纪海源
主　审　李捷斌

北京理工大学出版社
BEIJING INSTITUTE OF TECHNOLOGY PRESS

内 容 提 要

本书按照高职高专院校人才培养目标以及专业教学改革的需要，依据最新标准规范进行编写。全书共分为4个项目，主要内容包括四等水准测量实训、角度测量实训、导线测量实训、工程放样等。

本书可作为高职高专院校土建类相关专业的教材，也可作为建筑行业职业技能岗位培训教材。

图书在版编目（CIP）数据

建筑工程测量实务 / 梁磊，王宁主编.—北京：北京理工大学出版社，2022.8重印
ISBN 978-7-5682-4382-7

Ⅰ.①建… Ⅱ.①梁…②王… Ⅲ.①建筑测量–教材 Ⅳ.①TU198

中国版本图书馆CIP数据核字（2017）第172159号

出版发行 / 北京理工大学出版社有限责任公司
社　　址 / 北京市海淀区中关村南大街5号
邮　　编 / 100081
电　　话 / （010）68914775（总编室）
　　　　　（010）82562903（教材售后服务热线）
　　　　　（010）68944723（其他图书服务热线）
网　　址 / http://www.bitpress.com.cn
经　　销 / 全国各地新华书店
印　　刷 / 北京紫瑞利印刷有限公司
开　　本 / 787毫米×1092毫米　1/16
印　　张 / 5.5
字　　数 / 125千字
版　　次 / 2022年8月第1版第4次印刷
定　　价 / 29.00元

责任编辑 / 封　雪
文案编辑 / 封　雪
责任校对 / 周瑞红
责任印制 / 边心超

前　言

　　《建筑工程测量实务》是为高职高专院校土建类相关专业学生编写的实训教材，为"建筑工程测量"课程的配套实训教材，可使土木工程学院（建筑工程技术、建筑工程管理、工程造价、道路与桥梁工程技术、城市轨道交通等专业）学生掌握基础测绘知识，能够操作常用测绘仪器。本教材针对建筑工程测量实训内容进行项目化分解，分解成四项实训任务，分别为四等水准测量、角度测量、导线测量和工程放样。本书中包含了仪器操作及考核、回答实训问题、填写表格、测量数据计算等特色实训、实习环节。

　　本书由陕西工业职业技术学院梁磊、王宁担任主编，张伟佳、纪海源参与了本书部分章节的编写工作。具体编写分工如下：梁磊编写项目1，王宁编写项目2，张伟佳编写项目3，纪海源编写项目4。全书由陕西工业职业技术学院李捷斌主审。

　　由于编者水平有限，书中难免存在不足之处，恳请广大读者批评指正。

编　者

目 录

测量实训指导书

一、实训目的及要求

建筑工程测量实训是建筑类专业实现培养目标要求的重要实践环节，是学生对所学建筑理论知识进行深化、拓展、综合训练的重要阶段。

本次实训全部在校内完成，通过使用水准仪和全站仪两种主要测量仪器，让学生在《建筑工程测量》课程理论知识的基础上，系统地掌握测回法测角、全圆方向法测角、四等水准测量、导线测量、工程放样的外业作业方法，以及养成内业规范记录、计算的良好习惯，进一步强化仪器操作技能的实训。

二、时间安排

建筑工程测量时间安排见表 0-1。

表 0-1　建筑工程测量时间安排　　　　　（实训时间：两个星期）

时间安排	项目任务
星期一	1. 实训动员大会；2. 借领仪器；3. 检查仪器
星期二	四等水准测量 1
星期三	四等水准测量 2
星期四	测回法测角
星期五	全圆方向法测角
星期一	布设导线
星期二	全站仪测角、量边
星期三	导线内业计算
星期四	工程放样
星期五	操作仪器考核

三、实训任务及内容

建筑工程测量实训任务及内容见表0-2。

表0-2 建筑工程测量实训任务及内容

实训项目及时间	内　　容	提　交　成　果
实训准备 （1天）	1. 实训动员大会 2. 实训纪律教育 3. 借领仪器 　　1~4组：水准仪 　　5~8组：全站仪	检查仪器
基本测量 方法练习 （4天）	四等水准测量（2天）（水准仪1台，双面尺2把，尺垫2个）	（1）四等水准测量表格（每人1张）； （2）测回法测角表格（每人1张）； （3）全圆方向法测角表格（每人1张）； （4）测角、量边表格（每组1套）； （5）导线平差计算表（每组1套）
	测回法测角（1天） 全圆方向法测角（1天） （全站仪1台，棱镜2把带支架）	
平面控制测量 （2天）	采用闭合导线测量： 　全站仪测角、测边	
工程放样 （2天）	距离放样 角度放样 高程放样 交会放样	实地检查放样点位
实训考核 （0.5天）	全站仪对中整平 四等水准测量（一测站）	——
资料整理 （0.5天）	整理记录、资料和图纸，编写实训报告	实训结束前上交成果汇总和实训报告

四、考核标准

测量实训为考查课，实训最终成绩由实训小组量化成绩、平时表现和个人仪器操作考核三部分组成。实训小组量化成绩占60%，平时表现占20%，个人仪器操作考核占20%。按五级记分制(优秀、良好、中等、及格、不及格)评定成绩。

1. 实训小组量化成绩考核

(1)量化成绩考核以实训小组为单位进行，考核整个小组测量成果和每一个成员的表现。

(2)考核基本内容可分为纪律、进度、质量三项，每项任务考评一次。

2. 个人仪器操作考核

个人仪器操作考核见表0-3。

表0-3　个人仪器操作考核

考核项目	考核内容	成绩考核(时间：分钟)			
		优秀	良好	及格	不及格
水准仪	完成四等水准一个测站的测量、记录与计算	<6	6～10	10～15	>15
全站仪	全站仪对中、整平	<2	2～3	3～5	>5

五、实训动员

建筑工程测量实训动员的目的及要求见表0-4。

表0-4　建筑工程测量实训动员的目的及要求

项目动员	建筑工程测量实训动员会	时间	星期一
		地点	校园
目的要求	进行实训动员、进行实训分组、明确实训计划、安排实训日程、要求实训纪律		
序号	内容		
1	指导教师做实训动员		
2	发建筑工程测量实训任务书		
3	确定实训分组，确定小组组长		

4	明确实训任务
5	安排实训日程
6	要求实训纪律，发放实训仪器（全站仪、水准仪）
7	说明任务书填写要求
8	说明实训成绩评定细则
9	指导教师进行实训任务讲解
10	学生室外熟悉、检验测量仪器
11	指导教师讲解水准仪视准轴误差检验
12	指导教师讲解全站仪视准轴误差检验

项目 1　四等水准测量实训

1.1　项目介绍

在小区域地形测图或施工测量中，多采用三、四等水准测量作为高程控制测量的首级控制。

(一)实习内容

(1)做闭合水准路线测量(即由某一已知水准点开始，经过若干转点、临时水准点再回到原来的水准点)或附合水准路线测量(即由某一已知水准点开始，经过若干转点、临时水准点后到达另一已知水准点)。

(2)观测精度符合要求后，根据观测结果进行水准路线高差闭合差的调整和高程计算。

(二)具体实施方案

按照指导教师的要求，学生在校园埋设好的控制点展开测量工作。将学生测量的数据和已有控制点的原始数据进行对比，数据对比结果作为学生实习考核的依据。控制点样式如图 1-1 所示。

图 1-1　控制点样式

1.2 技术要求

(一)高程系统

三、四等水准测量起算点的高程一般引自国家一、二等水准点，若测区附近没有国家水准点，也可建立独立的水准网，这样起算点的高程应采用假定高程。在校园里，我们应用的是假定高程。

(二)布设形式

如果是作为测区的首级控制，一般布设成闭合水准路线；如果进行加密，则多采用附合水准路线或支水准路线。三、四等水准路线一般沿公路、铁路或管线等坡度较小、便于施测的路线布设。

1.3 点位的埋设

点位应选在地基稳固，并能长久保存标志和便于观测的地点。水准点的间距一般为1～1.5 km，山岭重丘区可根据需要适当加密。一个测区一般至少埋设 3 个以上的水准点。

1.4 水准测量技术要求

水准测量技术要求见表1-1。

表 1-1 水准测量技术要求

技术项目	等级分类		
	三等	四等	普通水准
仪器与水准尺	DS_3 双面水准尺	DS_3 双面水准尺	DS_3 双面、单面水准尺
测站观测程序	后—前—前—后	后—后—前—前	后—后—前—前
视线最低高度	三丝能读数	三丝能读数	中丝读数大于 0.3 m
最大视线长度/m	75	100	150

技术项目	等级分类		
	三等	四等	普通水准
前后视距差/m	≤±2.0	≤±3.0	≤±20
视距读数法	三丝读数(下－上)	直读视距	直读视距
K＋黑－红/mm	≤±2.0	≤±3.0	≤±4.0
黑红面高差之差/mm	≤±3.0	≤±5.0	≤±6.0
前后视距累计差/m	≤±6	≤±10	≤±10
路线总长度/km	≤200	≤80	≤30
高差闭合差/mm	≤±12	≤±20	≤±40

1.5 仪器的使用及检校

(一)仪器介绍

DS₃ 微倾式水准仪的构造如图 1-2 所示。

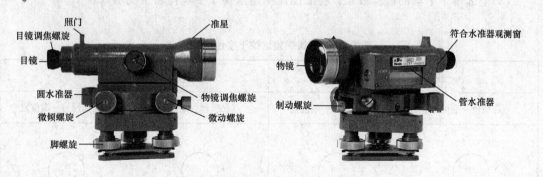

图 1-2 DS₃ 微倾式水准仪的构造

(二)仪器检校

1. 校正内容

(1)圆水准器的检验校正——圆水准轴平行仪器竖轴检验校正。

(2)望远镜十字丝的检验校正。

(3)长水准管检验校正——长水准管轴平行视准轴的检验校正。

2. 校正要求

(1)各项内容经检验如条件满足，可不进行校正，但必须当场弄清楚校正时应如何拨动校正螺丝。

(2)必须先进行检验，发现不满足要求条件时，按所学原理进行校正。在未弄清楚校正螺丝应转动的方向时，不得盲目用校正针硬行拨动校正螺丝，以免损坏仪器。

(3)拨动校正螺丝后，必须再进行检验。

(4)水准管轴平行视准轴的允许残留误差：远尺实读值和远尺应读值之差不大于3 mm。

3. 校正记录

(1)圆水准器的检验校正。将绘图说明圆水准器检验情况填入表1-2中。

表1-2　绘图说明圆水准器检验情况

开始整平后圆水准气泡位置图	仪器转180°后圆水准气泡位置图	用校正针应拨回气泡位置图

(2)望远镜十字丝的检验校正。将绘图说明望远镜十字丝检验情况填入表1-3中。

表1-3　绘图说明望远镜十字丝检验情况

检验时望远镜视图		校正后望远镜视图	
点在横丝一端位置	点在横丝另一端位置	点在横丝一端位置	点在横丝一端位置

(3)水准管轴平行视准轴的检验校正。将水准管轴平行视准轴的检验校正数据记录填入表1-4中。

表 1-4 检验校正的数据记录表

| 观测者： | | | 天气： | | 成像： | |
| 记录者： | | | 时间： | | 仪器型号： | |

仪器置于中点求出 真高差($h_真$) (h_i 误差$\leqslant$3 mm)	A/m				平均值($h_真$)	
	B/m					
	高差 h/m					

	检 校 次 数		第一次	第二次	第三次
检 验	仪器 B 点 附近	B(近尺点)读值/m			
		$h_真$/m			
		$A_应$(远尺应读值)/m			
		$A_实$(远尺实读值)/m			
		$\|A_实-A_应\|$ /mm	$\square\leqslant3$(结束检校) $\square>3$(转入校正)	$\square\leqslant3$ $\square>3$	$\square\leqslant3$ $\square>3$
校 正	第一步		调微倾螺旋使远尺值为 $A_应$		
	第二步		用校正针拨水准管校正螺丝使气泡居中		
	第三步		转入检验，务必在 B 点附近重新安置仪器再次进行检验		

1.6 仪器操作

一个测站的操作程序：

(1)安置：将水准仪和三脚架用中心连接螺旋连接在一起，并使架面大致水平。

(2)粗平：调节脚螺旋，使圆水准器气泡居中。

(3)瞄准：用十字丝纵丝瞄准目标的中线，并注意消除视差。

(4)精平：调节微倾螺旋，使管水准器气泡居中。

(5)读数：读取中横丝在尺子上的读数。

(6)检核：读完数后检查符合水准器气泡是否居中，若不居中，应居中后再重新读数。

1.7　仪器使用注意事项

(1)水准仪是精密的光学仪器，正确、合理地使用和保管水准仪，对仪器精度和使用寿命有很大影响。

(2)避免阳光直晒，不允许随便拆卸仪器。

(3)每个微调都应轻轻转动，不要用力过大。不准用手触摸镜片、光学片。

(4)若仪器有故障，应由熟悉仪器结构者或修理部修理。

(5)每次使用完毕后，应将仪器擦拭干净，并保持干燥。

1.8　四等水准测量操作步骤

安置水准仪的测站至前、后视立尺点的距离，应使用步测使其大致相等。在每一测站，按下列顺序进行观测：后视水准尺黑色面，读上丝、下丝读数，精平，读中丝读数；前视水准尺黑色面，读上丝、下丝读数，精平，读中丝读数；前视水准尺红色面，精平，读中丝读数；后视水准尺红色面，精平，读中丝读数。

记录者在"三、四等水准观测手簿"(表1-5)中按表头标明的次序(1)～(8)记录各个读数，(9)～(18)为计算结果：

$$后视距离(9)=100\times\{(1)-(2)\}$$
$$前视距离(10)=100\times\{(4)-(5)\}$$
$$视距之差(11)=(9)-(10)$$
$$\sum 视距差(12)=上站(12)+本站(11)$$
$$红黑面差(13)=(3)+K-(4)(K=4.687\ 或\ 4.787)$$
$$(14)=(7)+K-(8)$$
$$黑面高差(15)=(3)-(7)$$
$$红面高差(16)=(4)-(8)$$
$$高差之差(17)=(15)-(16)\pm100=(13)-(14)$$
$$平均高差(18)=1/2[(15)+(16)]$$

每站读数结束[(1)～(8)]，随即进行各项计算[(9)～(18)]，并按技术指标进行检验，满足限差后方能搬站。

依次设站，交替跑尺，用相同方法进行观测，直到线路终点，计算线路的高差闭合差。按四等水准测量的规定，线路高差闭合差的容许值为$\pm20\sqrt{L}$mm，L为线路总长(单位：km)。

1.9 计算表格

三、四等水准观测手簿见表 1-5，按要求将测量记录填入表中，并进行计算。

表 1-5 三、四等水准观测手簿

测自 至　　　　　　　　　　　　　　年　月　日

时刻始　时　分　　　　　　　　　　　天气：
　　末　时　分　　　　　　　　　　　成像：

测站编号	后尺 下丝 上丝	前尺 下丝 上丝	方向及尺号	标尺读数		$K+$ 黑一红	高差中数	备注
	后视距离	前视距离		黑面	红面			
	视距差 d	$\sum d$						
	(1)	(5)	后	(3)	(4)	(13)		
	(2)	(6)	前	(7)	(8)	(14)	(18)	
	(9)	(10)	后一前	(15)	(16)	(17)		
	(11)	(12)						
1			后					
			前					
			后一前					
2			后					
			前					
			后一前					
3			后					
			前					
			后一前					
4			后					
			前					
			后一前					

第　组　　　　　　观测员：＿＿＿＿＿　　　　　　记录员：＿＿＿＿＿

1.10 实训应知内容

水准测量实训应知内容见表 1-6。

表 1-6　水准测量实训应知内容

项目名称	四等水准测量		时间	星期二、星期三
			地点	校园
目的要求	通过现场讲解,要求每位学生能够独立完成一个测站的仪器操作、表格填写、表格计算的测量任务			
序号	任务及问题	解答		
1	什么是仪器的视差?			
2	水准测量需要哪些仪器和工具?			

序号	任务及问题	解答
3	四等水准测量1个测站需要读几个数?读数顺序是什么?	
4	四等水准测量计算限差有哪些?	

序号	任务及问题	解答
5	水准路线的布设形式有哪些?	
6	为什么要设置水准路线?	

序号	任务及问题	解答
7	尺垫在什么地方使用?	
8	两根水准尺有何不同?	

序号	任务及问题	解答
9	四等水准测量能否测完所有数据后再进行计算？为什么？	
10	什么是交替跑尺？	

序号	任务及问题	解答
11	什么是连续高差法？	
12	什么是视线高法？建筑工程测量为什么常用视线高法？	

序号	任务及问题	解答
13	水准尺读数是多少？	

项目 2　角度测量实训

2.1　经纬仪认识与使用

(一)实训目的

(1)认识 DJ$_6$ 型光学经纬仪和南方全站仪,了解各主要部件的名称和作用。

(2)练习经纬仪(全站仪)对中、整平、瞄准和读数的方法,掌握基本操作要领。

(二)实训要求

每人在规定时间内完成仪器的安置(对中和整平)工作。

(三)实训方法与步骤

(1)熟悉经纬仪和全站仪各部件的名称和作用,如图 2-1 和图 2-2 所示。

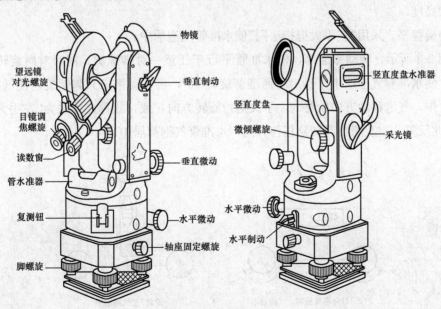

图 2-1　DJ$_6$ 型光学经纬仪

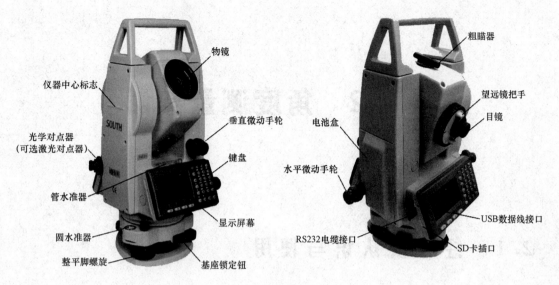

图 2-2   南方全站仪

（2）仪器的操作（以经纬仪为例，全站仪操作与经纬仪基本一致）。

1）经纬仪的安置。

①对中。在测站点张开三脚架，使三脚架架头大致水平，位于测站点正上方，高度适中。使用光学对中器对中，两手稍微抬起三脚架两个脚，第三只脚固定不动，使光学对中器十字丝对准测站点。

②粗略整平。伸缩三脚架使圆水准器气泡居中。气泡偏向哪边，说明哪边高，应调低对应脚架高度。

③精确整平。采用"左手大拇指法则"使水准管气泡居中。

如图 2-3 所示，转动照准部，使水准管平行于任意一对脚螺旋，同时对向旋转这两个脚螺旋，使水准管气泡居中，然后将照准部旋转 90°，再转动第三只脚螺旋，使气泡居中。在此过程中，气泡移动方向始终与左手大拇指旋转方向一致，故称此方法为"左手大拇指法则"。如此反复，直至照准部转到任何方向，水准管气泡都居中。

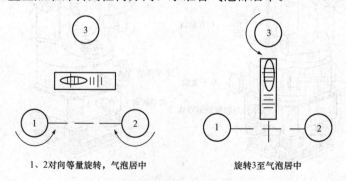

1、2对向等量旋转，气泡居中   旋转3至气泡居中

图 2-3   精确整平

④精确对中。再次检查光学对中器中心是否精确对准测站点，若偏移，则松开三脚架与仪器的连接螺旋，在架头上平移全站仪，精确对中。

反复进行上述第③、④步，直至光学对中器精确对准测站点且水准管气泡居中为止。

2)瞄准目标。用望远镜上瞄准器粗略瞄准目标，从望远镜中看到目标，旋转望远镜和照准部的制动螺旋，转动目镜调焦螺旋，使十字丝清晰；再转动物镜对光螺旋，使目标影像清晰；转动望远镜和照准部的微动螺旋，使目标被单根竖丝平分，或将目标夹在双根竖丝中央，如图 2-4 所示。

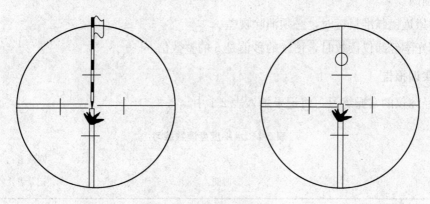

图 2-4　瞄准目标

3)读数。打开反光镜，调节反光镜使读数窗亮度适当，旋转读数显微镜的目镜，看清读数窗分划，根据使用的仪器用分微尺或测微尺读数。图 2-5 中经纬仪水平度盘的读数是 $73°04'18''$。

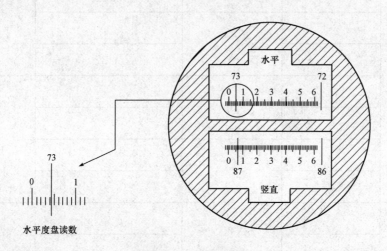

图 2-5　经纬仪读数

4)其他练习。

①盘左、盘右进行观测的练习。松开望远镜制动螺旋，倒转望远镜从盘左转为盘右(或

者从盘右转为盘左），进行瞄准目标和读数的练习。

②改变水平度盘未知的练习。先转动照准部精确瞄准某一目标，再通过调节水平度盘位置变换手轮，将水平度盘转到 $0°00'00''$ 读数位置上，然后再调节到 $30°00'00''$。

(四)注意事项

(1)经纬仪对中时，应使三脚架架头大致水平，否则会导致仪器整平困难。

(2)经纬仪整平后，应旋转仪器照准部，检查各个方向水准管气泡是否居中，其偏差应在规定范围内。

(3)用望远镜瞄准目标时，必须消除视差。

(4)用光学经纬仪读数时，估读的秒值是 6 的整数倍。

(五)实训报告

进行经纬仪的实操练习，将记录填入表 2-1 中。

表 2-1 水平度盘读数练习

日　期：　　　　　　　天气：　　　　　　　观测者：

仪器号码：　　　　　　时间：　　　　　　　记录者：

测站	目标	竖盘位置	水平度盘读数 /(° ′ ″)	备注

2.2 测回法观测水平角

(一)实训目的

(1)掌握测回法测量水平角的方法、记录、计算及检核。

(2)掌握测回法的限差要求:同一测回上、下半测回角值之差不超过±40″,不同测回之间水平角之差不超过±24″。

(二)实训要求

每人按要求对同一角度观测 6 个测回。

(三)实训方法与步骤

(1)在测站点 O 安置仪器(对中、整平),再选定 A、B 两个目标点(图 2-6)。

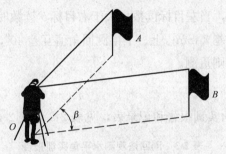

图 2-6 测回法观测水平角

(2)盘左位置瞄准 A 目标,配置水平度盘读数为或稍大于 0°附近,记为 $a_左$,记入记录手簿表中盘左 A 目标水平度盘读数一栏。松开制动螺旋,顺时针方向转动照准部,瞄准 B 点,读取水平度盘读数 $b_左$,记入记录手簿表中盘左 B 目标水平度盘读数一栏;此时,完成上半测回观测,计算上半测回角值 $\beta_左$。

$$\beta_左 = b_左 - a_左 \tag{2-1}$$

(3)松开制动螺旋,倒转望远镜成盘右位置,瞄准 B 点,读取水平度盘的读数为 $b_右$,记入记录手簿表中盘右 B 目标水平度盘读数一栏。松开制动螺旋,顺时针方向转动照准部,瞄准 A 点,读取水平度盘读数为 $a_右$,记入记录手簿表中盘右 A 目标水平度盘读数一栏。此时,完成下半测回观测,计算下半测回角值 $\beta_右$。

$$\beta_右 = b_右 - a_右 \tag{2-2}$$

(4)上、下半测回合称为一个测回,若盘左、盘右所得角值相差不超过±40″,取两角值平均值作为一测回的水平角 β。

$$\beta = (\beta_左 + \beta_右)/2 \tag{2-3}$$

测回法观测水平角的记录手簿的格式见表 2-2。

表 2-2　测回法观测水平角的记录手簿

测站	盘位	目标	水平度盘读数	角　值	平均角值	备注
O	左	A	$a_左$	$\beta_左$	β	$\underset{\beta}{A\qquad B}$
		B	$b_左$			
	右	A	$a_右$	$\beta_右$		
		B	$b_右$			

第一测回结束后，配置度盘读数[第 i 测回应配置为 $(i-1)$]，完成实习报告中其余测回的观测。

(四)注意事项

(1)瞄准目标时，尽可能瞄准其底部，以减少目标倾斜引起的误差。

(2)观测过程中若发现水准管气泡偏移超过 1 格时，应重新整平并重测该测回。

(3)计算半测回角值时，当左目标读数 a 大于右目标 b 读数时应加上 $360°$。

(4)限差要求：对中误差 3 mm；上、下半测回角值互差 $40''$，如超限则重测该测回；各测回角值互差 $24''$，如超限则重测。

(五)实训报告

填写测回法观测水平角实训报告和记录表，见表 2-3 和表 2-4。

表 2-3　测回法观测水平角实训报告

项目名称/ 任务名称	测回法观测水平角	
序号	任务及问题	解答
1	 竖直度盘　　　　　　竖直度盘 上图中哪个是盘左？哪个是盘右？	

序号	任务及问题	解答
2	水平角观测中，若右目标读数小于左目标读数，应如何计算角值？	
3	测回法观测水平角 n 个测回，应如何配置度盘？	

序号	任务及问题	解答
4	为什么要用盘左、盘右观测水平角，且取其平均值呢?	
5	若某测站点与两个不同高度的目标点位于同一竖直面内，那么其构成的水平角是多少?	

表 2-4　测回法测水平角记录表

日　　期：　　　　　　　　　　　天气：　　　　　　　　　观测者：

仪器号码：　　　　　　　　　　　时间：　　　　　　　　　记录者：

测站	测回	竖盘位置	目标	水平度盘读数 /(° ′ ″)	半测回角值 /(° ′ ″)	一测回角值 /(° ′ ″)	各测回平均角值 /(° ′ ″)	备注
		左						
		右						
		左						
		右						
		左						
		右						
		左						
		右						
		左						
		右						
		左						
		右						

2.3 全圆方向法测量水平角

(一)实训目的

(1)掌握全圆方向法测量水平角的方法、记录、计算及检核。

(2)掌握全圆方向法各项限差的要求。

(二)实训要求

每人选至少四个目标，采用全圆方向法观测两个测回。

(三)实训方法与步骤

当观测目标超过两个时，采用全圆方向法观测(图 2-7)。操作步骤如下：

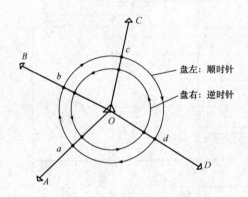

图 2-7 全圆方向法观测水平角

(1)如图 2-7 所示，将仪器安置于测站点 O，对中和整平，选定一清晰明显的目标作为起始方向(零方向)，如 A 点。

(2)盘左位置精确瞄准 A 点，将水平度盘读数配置为 $0°00'00''$，再按顺时针方向依次观测 B、C、D、A 各方向，分别读取水平度盘读数，并依次记入观测手簿。其中，两次照准 A 目标是为了检查水平度盘位置在观测过程中是否发生了变动，称为归零。其两次读数之差称为半测回归零差，半测回归零差不能超过 $18''$。上述全部工作叫作盘左半测回或上半测回。

(3)倒转望远镜，用盘右位置按逆时针方向依次照准 A、D、C、B、A，分别读取水平度盘读数，并依次记入观测手簿，同样注意检核归零差。此为盘右半测回或下半测回。

上、下半测回合称为一测回，要求每人观测至少两个测回，记录到全圆方向法观测手簿中并完成计算。

(4)计算。

1)计算 $2c$ 值(同一方向盘左、盘右读数之差)。

$$2c＝盘左读数－(盘右读数\pm180°)$$ (2-4)

2)计算平均读数(同一方向盘左和盘右方向的平均值)。

$$方向平均值＝[盘左读数＋(盘右读数\pm180°)/2]$$ (2-5)

A 方向有两个盘左、盘右平均值,应再取平均值作为起始方向的平均读数。

3)计算归零后的方向值。将起始方向换算为 $0°00'00''$,即从各方向值的平均值中减去起始方向值的平均值,即得各方向的归零方向值。

4)计算各测回归零后方向值的平均值。各测回中同一方向归零方向值较差不能超过 $24''$。

(四)注意事项

(1)一测回观测过程中若发现水准管气泡偏移超过 1 格时,应重新整平并重测该测回。

(2)注意各项限差都不能超限,如有一项超限,应立即重新观测。

(五)实训报告

填写全圆方向法观测水平角实训报告和记录表,见表 2-5 和表 2-6。

表 2-5 全圆方向法观测水平角实训报告

项目名称/ 任务名称	全圆方向法观测水平角	
序号	任务及问题	解答
1	上半测回归零差超限是否还应继续观测下半测回? 归零差超限是什么原因造成的?	
2	观测目标时,应尽可能用十字丝交点瞄准目标_____部,观测水平角时也可用十字丝的_____丝去瞄准目标。	
3	全圆方向法测量水平角时: (1)上半测回。 选择一明显目标 A 作为起始方向(零方向),用盘左瞄准 A,配置度盘,_____时针依次观测 A、B、C、D、A。 (2)下半测回。 倒镜成盘右,_____时针依次观测 A、D、C、B、A。 同理各测回间按_____°的差值来配置水平度盘。	
4	全圆方向法观测有哪几项限差要求?	

表 2-6 全圆方向法观测记录表

日　　期：　　　　　　　　　天气：　　　　　　　　观测者：

仪器号码：　　　　　　　　　时间：　　　　　　　　记录者：

测站	测回	目标	水平度盘读数		2c /(″)	平均读数 /(° ′ ″)	归零 方向值 /(° ′ ″)	各测回 平均方向值 /(° ′ ″)	简图
			盘左 /(° ′ ″)	盘右 /(° ′ ″)					
归零差									
归零差									

项目3 导线测量实训

3.1 实训目的

(1)掌握导线的外业测量工作，选点、水平角测量、全站仪距离测量等。

(2)规范仪器操作。

(3)规范外业测量的记录。

(4)掌握导线计算的方法和步骤。

(5)培养学生团队协作能力。

3.2 实训要求

(1)每8~9人为一小组，进行闭合导线测量，每人至少观测一站、记录一站。

(2)在实习场地上选择两个已知点(坐标由指导教师提供)作为闭合导线的起算点：①两个已知点之间的距离尽量远；②不同闭合环选择不同的起算点，以避免观测时相互影响。

(3)选择适当个数的导线点：①相邻点之间保持良好的通视条件；②使用记号笔、粉笔或油漆在水泥地面上清晰标识出点位位置⊙，点位中心标志尽量小，以减小对中误差。

(4)全部观测完成后，由各小组的组长负责汇总观测数据，组织小组成员分别独立计算角度闭合差，限差为$\pm 40\sqrt{n}$。若角度闭合差超限，则交换观测检查水平角，检查时只需要观测1个测回；角度闭合差合格后，根据已知坐标推算出起算方位角，将起算数据(起算坐标和坐标方位角)和观测数据(水平角、边长)填入导线计算表，每个人分别独立进行后续计算；导线全长相对闭合差<1/4 000。

(5)上交资料(以小组为单位)：①原始观测数据记录表；②每个人独立计算的导线计算表。

3.3 实训方法与步骤

(一)导线的定义及适用范围

(1)定义。导线测量是平面控制测量的一种方法。所谓导线，就是由测区内选定的控制点组成的连续折线，如图 3-1 所示。折线的转折点 A、B、C、E、F 称为导线点；转折边 D_{AB}、D_{BC}、D_{CE}、D_{EF} 称为导线边；水平角 β_B、β_C、β_E 称为转折角。其中，β_B、β_E 在导线前进方向的左侧，叫作左角；β_C 在导线前进方向的右侧，叫作右角。α_{AB} 称为起始边 D_{AB} 的坐标方位角。导线测量主要是测定导线边长及其转折角，然后根据起始点的已知坐标和起始边的坐标方位角，计算各导线点的坐标。

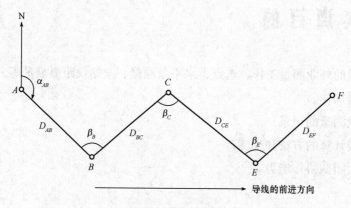

图 3-1 导线示意图

(2)适用范围。导线主要适用于带状地区(如公路、铁路、水利等)、隐蔽地区、城建地区、地下工程等控制点的测量。

(二)导线布设形式

根据测区的情况和要求，导线可以布设成以下几种形式：

(1)闭合导线。如图 3-2(a)所示，由某一高级控制点出发最后又回到该点，组成一个闭合多边形。其适用于面积较宽阔的独立地区作测图控制。

(2)附合导线。如图 3-2(b)所示，由某一高级控制点出发最后附合到另一高级控制点上的导线。其适用于带状地区的测图控制，此外，也广泛用于公路、铁路、管道、河道等工程的勘测与施工控制点的建立。

(3)支导线。如图 3-2(c)所示，由一控制点出发，既不闭合也不附合于另一控制点上的单一导线，这种导线没有已知点进行校核，不易发现错误，所以，导线的点数不得超过3个。

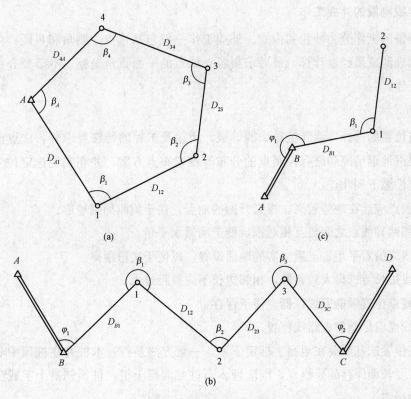

图 3-2　导线的布设形式

(a)闭合导线；(b)附合导线；(c)支导线

此外，还有导线网，其多用于测区情况较复杂的地区。

(三)导线的等级

除国家精密导线外，在工程测量中，根据测区范围和精度要求，导线测量可分为三等、四等、一级、二级和三级导线五个等级。各级导线测量的技术要求见表 3-1。

表 3-1　导线测量的技术要求

等级	附合导线长度/km	平均边长/km	每边测距中误差/mm	测角中误差/(″)	导线全长相对闭合差	方位角闭合差/(″)	测回数		
							DJ$_1$	DJ$_2$	DJ$_6$
三等	30	2.0	13	1.8	1/55 000	$\pm3.6\sqrt{n}$	6	10	—
四等	20	1.0	13	2.5	1/35 000	$\pm5\sqrt{n}$	4	6	—
一级	10	0.5	17	5.0	1/15 000	$\pm10\sqrt{n}$	—	2	4
二级	6	0.3	30	8.0	1/10 000	$\pm16\sqrt{n}$	—	1	3
三级	—	—	—	20.0	1/2 000	$\pm30\sqrt{n}$	—	1	2

(四)导线测量的外业工作

导线测量的工作分为外业和内业。外业工作一般包括选点、测角和量距;内业工作是根据外业的观测成果经过计算,最后求得各导线点的平面直角坐标。本节要介绍的是外业中的几项工作。

1. 选点

导线点位置的选择,除满足导线的等级、用途及工程的特殊要求外,选点前应进行实地踏勘,根据地形情况和已有控制点的分布等确定布点方案,并在实地选定位置。在实地选点时,应注意下列几点:

(1)导线点应选在地势较高、视野开阔的地点,便于施测周围地形。

(2)相邻两导线点之间要互相通视,便于测量水平角。

(3)导线应沿着平坦、土质坚实的地面设置,以便于丈量距离。

(4)导线边长要选得大致相等,相邻边长不应差距过大。

(5)导线点位置须能安置仪器,便于保存。

(6)导线点应尽量靠近路线位置。

导线点位置选好后要在地面上标定下来,一般方法是打一木桩并在桩顶中心钉一小铁钉。对于需要长期保存的导线点,则应埋入石桩或混凝土桩,桩顶刻凿十字或浇入锯有十字的钢筋做标志。

为了便于日后寻找使用,最好将重要的导线点及其附近的地物绘成草图,并注明尺寸,如图 3-3 所示。

草　　图	导线点	相关位置	
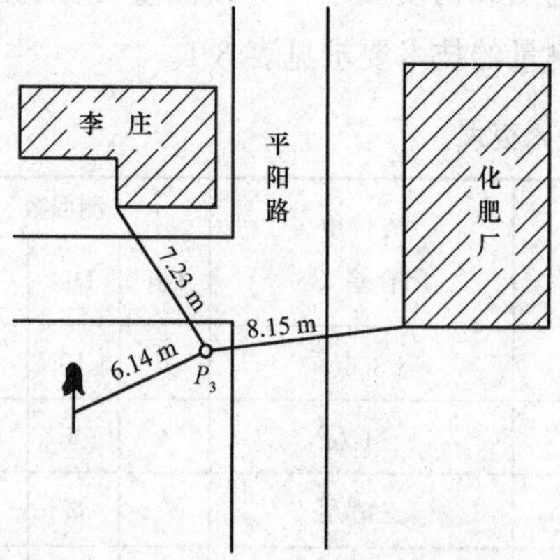 李庄　平阳路　化肥厂　7.23 m　8.15 m　6.14 m　P_3	P_3	李　庄	7.23 m
		化肥厂	8.15 m
		独立树	6.14 m

图 3-3　导线点及标记图

2. 测角

导线的水平角即转折角，是用仪器按测回法进行观测的。在导线点上可以测量导线前进方向的左角或右角。一般在附合导线中，测量导线的左角，在闭合导线中均测内角。当导线与高级点连接时，需测出各连接角，如图 3-2(b) 中的 φ_1、φ_2 角。如果是在没有高级点的独立地区布设导线，则测出起始边的方位角以确定导线的方向，或假定起始边方位角。

(1)仪器的安置。

1)内容及要求。

对中　　≤±3 mm

整平　　≤1 格

2)步骤。

①大致水平、大致对中。看着对中器，拖动三脚架的两个脚架，使仪器大致对中，并保持"架头"大致水平。

②伸缩脚架粗平。根据气泡位置，伸缩三脚架的两个脚架，使圆水准气泡居中。

③脚螺旋精平——左手大拇指法则。

a. 转动仪器，使水准管与脚螺旋 1、2 连线平行。

b. 根据气泡位置运用法则，对向旋转脚螺旋 1、2。

c. 转动仪器 90°，运用法则，旋转脚螺旋 3。

④架头上移动仪器，精确对中。

⑤脚螺旋精平。

反复进行④、⑤两步。

(2)瞄准方法。

步骤：粗瞄→制动→调焦→微动精瞄。

(3)测回法。设 O 为测站点，A、B 为观测目标，$\angle AOB$ 为观测角，见表 3-2 中备注。先在 O 点安置仪器，进行整平、对中，然后按以下步骤进行观测：

1)盘左位置：先照准左方目标，即后视点 A，读取水平度盘读数为 $a_左$，并记入测回法测角记录表中，见表 3-2。然后，顺时针转动照准部照准右方目标，即前视点 B，读取水平度盘读数为 $b_左$，并记入测回法测角记录表中。以上称为上半测回，其观测角值为

$$\beta_左 = b_左 - a_左 \tag{3-1}$$

2)盘右位置：先照准右方目标，即前视点 B，读取水平度盘读数为 $b_左$，并记入测回法测角记录表中。再逆时针转动照准部照准左方目标，即后视点 A，读取水平度盘读数为 $a_右$，并记入测回法测角记录表中，则得下半测回角值为

$$\beta_右 = b_右 - a_右 \tag{3-2}$$

表 3-2　测回法测角记录表

测站	盘位	目标	水平度盘读数	水平角		备　注
				半测回角	测回角	
O	左	A	$0°01'24''$	$60°49'06''$	$60°49'03''$	
		B	$60°50'30''$			
	右	C	$180°01'30''$	$60°49'00''$		
		D	$240°50'30''$			

3)上、下半测回合起来称为一测回。一般规定，用 J_6 级光学经纬仪进行观测，上、下半测回角值之差不超过 $40''$ 时，可取其平均值作为一测回的角值，即

$$\beta_{前}=\frac{1}{2}(\beta_{左}+\beta_{右}) \tag{3-3}$$

注：若要观测 n 个测回，为减少度盘分划误差，各测回之间应按 $180°/n$ 的差值来配置水平度盘。

3. 量距

导线采用全站仪进行导线边长测量。

(五)导线测量的内业计算

导线测量的最终目的是要获得各导线点的平面直角坐标，因此，导线测量外业工作结束后就要进行内业计算，以求得导线点的坐标。

1. 坐标计算的基本公式

(1)坐标正算。根据已知点的坐标及已知边长和坐标方位角计算未知点的坐标，即坐标的正算。

如图 3-4 所示，设 A 为已知点，B 为未知点，当 A 点的坐标 X_A、Y_A 和边长 D_{AB}、坐标方位角 α_{AB} 均为已知时，则可求得 B 点的坐标 X_B、Y_B。

$$\left.\begin{array}{l}X_B=X_A+\Delta X_{AB}\\Y_B=Y_A+\Delta Y_{AB}\end{array}\right\} \tag{3-4}$$

其中，坐标增量的计算公式为

$$\left.\begin{array}{l}\Delta X_{AB}=D_{AB}\cdot\cos\alpha_{AB}\\\Delta Y_{AB}=D_{AB}\cdot\sin\alpha_{AB}\end{array}\right\} \tag{3-5}$$

式中，ΔX_{AB}、ΔY_{AB} 的正负号应根据 $\cos\alpha_{AB}$、$\sin\alpha_{AB}$ 的正负号决定，所以，式(3-4)又可写成：

$$\left.\begin{array}{l}X_B=X_A+D_{AB}\cdot\cos\alpha_{AB}\\Y_B=Y_A+D_{AB}\cdot\sin\alpha_{AB}\end{array}\right\} \tag{3-6}$$

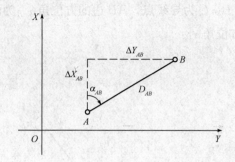

图 3-4　导线坐标计算示意图

(2)坐标反算。由两个已知点的坐标反算其坐标方位角和边长，即坐标的反算。

如图 3-4 所示，若设 A、B 为两已知点，其坐标分别为 X_A、Y_A 和 X_B、Y_B，则可得

$$\tan\alpha_{AB}=\frac{\Delta Y_{AB}}{\Delta X_{AB}} \tag{3-7}$$

$$D_{AB}=\frac{\Delta Y_{AB}}{\sin\alpha_{AB}}=\frac{\Delta X_{AB}}{\cos\alpha_{AB}} \tag{3-8}$$

或 $$D_{AB}=\sqrt{(\Delta X_{AB})^2+(\Delta Y_{AB})^2} \tag{3-9}$$

式中，$\Delta X_{AB}=X_B=X_A$，$\Delta Y_{AB}=Y_B-Y_A$。

由式(3-7)可求得 α_{AB}。求得 α_{AB} 后，又可由式(3-8)计算出两个 D_{AB}，并作相互校核。如果仅尾数略有差异，就取中数作为最后的结果。

需要指出的是，按式(3-7)计算出来的坐标方位角是有正负号的，因此，还应按坐标增量 ΔX 和 ΔY 的正负号最后确定 AB 边的坐标方位角，即若按式(3-7)计算的坐标方位角为

$$\alpha'=\arctan\frac{\Delta Y}{\Delta X} \tag{3-10}$$

则 AB 边的坐标方位角 α_{AB} 参见图 3-4 应为：

在第Ⅰ象限，即当$\Delta X>0$，$\Delta Y>0$ 时，$\alpha_{AB}=\alpha'$；

在第Ⅱ象限，即当$\Delta X<0$，$\Delta Y>0$ 时，$\alpha_{AB}=180°-\alpha'$；

在第Ⅲ象限，即当$\Delta X<0$，$\Delta Y<0$ 时，$\alpha_{AB}=180°+\alpha'$；　　(3-11)

在第Ⅳ象限，即当$\Delta X>0$，$\Delta Y<0$ 时，$\alpha_{AB}=360°-\alpha'$。

即当$\Delta X>0$ 时，应给 α' 加 360°；当$\Delta X<0$ 时，应给 α' 加 180°，正是所求 AB 边的坐标方位角。

2. 坐标方位角的推算

为了计算导线点的坐标，首先应推算出导线各边的坐标方位角(以下简称方位角)。如果导线和国家控制点或测区的高级点进行连接，则导线各边的方位角是由已知边的方位角来推算；如果测区附近没有高级控制点可以连接，称为独立测区，则须测量起始边的方位角，再以此观测方位角来推算导线各边的方位角。

如图 3-5 所示，设 A、B、C 为导线点，AB 边的方位角 α_{AB} 为已知，导线点 B 的左角为 $\beta_{左}$，现在来推算 BC 边的方位角 α_{BC}。

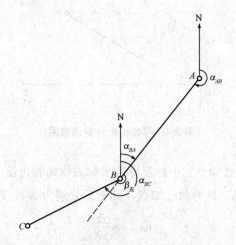

图 3-5　坐标方位角推算示意图

由正反方位角的关系，可知

$$\alpha_{BA} = \alpha_{AB} - 180° \tag{3-12}$$

则从图 3-5 中可以看出

$$\alpha_{BC} = \alpha_{AB} + \beta_{左} = \alpha_{AB} - 180° + \beta_{左} \tag{3-13}$$

根据方位角不大于 360° 的定义，当用式（3-13）算出的方位角大于 360°，则减去 360° 即可。当用右角推算方位角时（图 3-6）：

$$\alpha_{BA} = \alpha_{AB} + 180°$$

则从图 3-6 中可以看出

$$\alpha_{BC} = \alpha_{AB} + 180° - \beta_{右} \tag{3-14}$$

用式（3-14）计算 α_{BC} 时，如果 $\alpha_{AB} + 180°$ 后仍小于 $\beta_{右}$，则应加 360° 后再减去 $\beta_{右}$。

根据上述推导，得到导线边坐标方位角的一般推算公式为

$$\alpha_{前} = \alpha_{后} \pm 180° \genfrac{}{}{0pt}{}{+\beta_{左}}{-\beta_{右}} \tag{3-15}$$

式中　$\alpha_{前}$，$\alpha_{后}$——导线点的前边方位角和后边方位角。

如图 3-7 所示，以导线的前进方向为参考，导线点 B 的后边是 AB 边，其方位角为 $\alpha_{前}$；前边是 BC 边，其方位角为 $\alpha_{后}$。

式（3-15）中 180° 前的正负号取用，是当 $\alpha_{后} < 180°$ 时，用"＋"号；当 $\alpha_{后} > 180°$ 时，用"－"号。导线的转折角是左角（$\beta_{左}$）就加上，右角（$\beta_{右}$）就减去。

注：若计算出的 $\alpha_{前} > 360°$，则减去 360°；若为负值，则加上 360°。

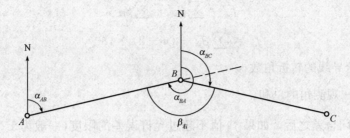

图 3-6　坐标方位角推算示意图

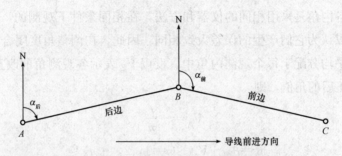

图 3-7　坐标方位角推算标准图

3. 闭合导线的坐标计算

(1)角度闭合差的计算与调整。闭合导线从几何上看，是一多边形，如图 3-8 所示。其内角和在理论上应满足下列关系：

$$\sum \beta_{\text{理}} = 180° \cdot (n-2) \tag{3-16}$$

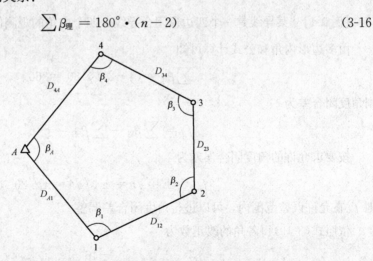

图 3-8　闭合导线示意图

由于测角时不可避免地有误差存在，使实测的内角之和不等于理论值，这样就产生了角度闭合差，用 f_β 来表示，则

$$f_\beta = \sum \beta_测 - \sum \beta_理 \tag{3-17}$$

或

$$f_\beta = \sum \beta_测 - (n-2) \cdot 180° \tag{3-18}$$

式中　n——闭合导线的转折角数；

　　$\sum \beta_测$ ——观测角的总和。

计算出角度闭合差之后，如果 f_β 值不超过允许误差的限度（一般为 $\pm 40\sqrt{n}$，n 为角度个数），说明角度观测符合要求，即可进行角度闭合差调整，使调整后的角度值满足理论上的要求。

由于导线的各内角是采用相同的仪器和方法，在相同条件下观测的，所以，对于每一个角度来讲，可以认为它们产生的误差大致相同，因此，在调整角度闭合差时，可将闭合差按相反的符号平均分配于每个观测内角中。设以 V_{β_i} 表示各观测角的改正数，$\beta_测$ 表示观测角，β_i 表示改正后的角值，则

$$V_{\beta_i} = -\frac{f_\beta}{n} \tag{3-19}$$

$$\beta_i = \beta_{测_i} + V_{\beta_i} \quad (i=1,\ 2,\ \cdots n) \tag{3-20}$$

当式(3-19)不能整除时，则可将余数凑整到导线中短边相邻的角上，这是因为在短边测角时仪器对中、照准所引起的误差较大。

各内角的改正数之和应等于角度闭合差，但符号相反，即 $\sum V_\beta = -f_\beta$。改正后的各内角值之和应等于理论值，即 $\sum \beta_i = (n-2) \cdot 180°$。

【例 3-1】　某导线是一个四边形闭合导线，四个内角的观测值总和 $\sum \beta_测 = 359°59'14''$。

由多边形内角和公式计算可知

$$\sum \beta_理 = (4-2) \times 180° = 360°$$

则角度闭合差为

$$f_\beta = \sum \beta_测 - \sum \beta_理 = -46''$$

按要求允许的角度闭合误差为

$$f_{\beta_允} = \pm 40''\sqrt{n} = \pm 40''\sqrt{4} = \pm 1'20''$$

则 f_β 在允许误差范围内，可以进行角度闭合差调整。

依照式(3-19)得各角的改正数为

$$V_{\beta_i} = -\frac{f_\beta}{n} = -\frac{-46''}{n} = +11.5''$$

由于不是整秒，分配时每个角平均分配 $+11''$，短边角的改正数为 $+12''$。改正后的各内角值之和应等于 $360°$。

(2)坐标方位角推算。根据起始边的坐标方位角 α_{AB} 及改正后(调整后)的内角值 β_i，按

式(3-15)依次推算各边的坐标方位角。

(3)坐标增量的计算。如图 3-9 所示，在平面直角坐标系中，A、B 两点坐标分别为 $A(X_A、Y_A)$ 和 $B(X_B、Y_B)$，它们相应的坐标差称为坐标增量，分别以 ΔX 和 ΔY 表示，从图中可以看出：

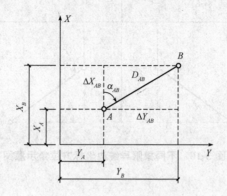

图 3-9　坐标增量计算示意图

$$X_B - X_A = \Delta X_{AB}$$
$$Y_B - Y_A = \Delta Y_{AB}$$

或

$$X_B = X_A + \Delta X_{AB}$$
$$Y_B = Y_A + \Delta Y_{AB}$$

(3-21)

导线边 AB 的长度为 D_{AB}，方位角为 α_{AB}，则

$$\Delta X_{AB} = D_{AB} \cdot \cos\alpha_{AB}$$
$$\Delta Y_{AB} = D_{AB} \cdot \sin\alpha_{AB}$$

(3-22)

ΔX_{AB}、ΔY_{AB} 的正负号从图 3-10 中可以看出，当导线边 AB 位于不同的象限，其纵、横坐标增量的符号也不同。也就是说，当 α_{AB} 为 $0°\sim90°$（即第一象限）时，ΔX、ΔY 的符号均为正；当 α_{AB} 为 $90°\sim180°$（第二象限）时，ΔX 为负，ΔY 为正；当 α_{AB} 为 $180°\sim270°$（第三象限）时，ΔX、ΔY 的符号均为负；当 α_{AB} 为 $270°\sim360°$（第四象限）时，ΔX 为正，ΔY 为负。

(4)坐标增量闭合差的计算与调整。

1)坐标增量闭合差的计算。如图 3-11 所示，导线边的坐标增量可以看成是在坐标轴上的投影线段。从理论上讲，闭合多边形各边在 X 轴上的投影，其 $+\Delta X$ 的总和与 $-\Delta X$ 的总和应相等，即各边纵坐标增量的代数和应等于零。同样，在 Y 轴上的投影，其 $+\Delta Y$ 的总和与 $-\Delta Y$ 的总和也应相等，即各边横坐标量的代数和也应等于零。也就是说，闭合导线的纵、横坐标增量之和在理论上应满足下述关系：

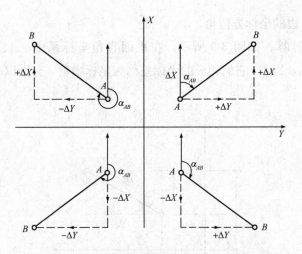

图 3-10　不同象限导线边坐标方位角示意图

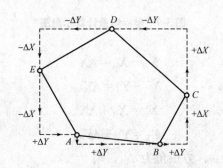

图 3-11　闭合导线坐标增量示意图

$$\sum \Delta X_{理} = 0$$

$$\sum \Delta Y_{理} = 0 \tag{3-23}$$

但因测角和量距都不可避免地有误差存在，因此根据观测结果计算的 $\sum \Delta X_{算}$、$\sum \Delta Y_{算}$ 都不等于零,而等于某一个数值 f_X 和 f_Y。即

$$\sum \Delta X_{算} = f_X$$

$$\sum \Delta Y_{算} = f_Y \tag{3-24}$$

式中　f_X——纵坐标增量闭合差；

　　　f_Y——横坐标增量闭合差。

从图 3-12 中可以看出 f_X 和 f_Y 的几何意义。f_X 和 f_Y 的存在就使闭合多边形出现了一个缺口，起点 A 和终点 A' 没有重合，设 AA' 的长度为 f_D，称为导线的全长闭合差，而 f_X 和 f_Y 正好是 f_D 在纵、横坐标轴上的投影长度。所以

$$f_D = \sqrt{f_X^2 + f_Y^2} \tag{3-25}$$

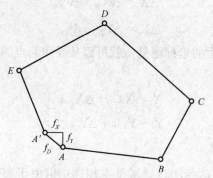

图 3-12　闭合导线坐标增量闭合差示意图

2)导线精度的衡量。导线全长闭合差 f_D 的产生，是由于测角和量距中有误差存在的缘故，所以，一般用它来衡量导线的观测精度。但是导线全长闭合差是一个绝对闭合差，且导线越长，所量的边数与所测的转折角数就越多，影响全长闭合差的值也就越大，因此，须采用相对闭合差来衡量导线的精度。设导线的总长为 $\sum D$，则导线全长相对闭合差 K 为

$$K = \frac{f_D}{\sum D} = \frac{1}{\sum D / f_D} \tag{3-26}$$

若 $K \leqslant K_允$，则表明导线的精度符合要求，否则应查明原因进行补测或重测。

3)坐标增量闭合差的调整。如果导线的精度符合要求，即可将增量闭合差进行调整，使改正后的坐标增量满足理论上的要求。由于是等精度观测，所以，增量闭合差的调整原则是将它们以相反的符号按与边长成正比例分配在各边的坐标增量中。设 $V_{\Delta X_i}$、$V_{\Delta Y_i}$ 分别为纵、横坐标增量的改正数，即

$$\left.\begin{aligned} V_{\Delta X_i} &= -\frac{f_X}{\sum D} D_i \\ V_{\Delta Y_i} &= -\frac{f_Y}{\sum D} D_i \end{aligned}\right\} \tag{3-27}$$

式中　$\sum D$——导线边长总和；

D_i——导线某边长($i=1, 2, \cdots, n$)。

所有坐标增量改正数的总和，其数值应等于坐标增量闭合差，而符号相反，即

$$\left.\begin{aligned} \sum V_{\Delta X} &= V_{\Delta X_1} + V_{\Delta X_2} + \cdots + V_{\Delta X_n} = -f_X \\ \sum V_{\Delta Y} &= V_{\Delta Y_1} + V_{\Delta Y_2} + \cdots + V_{\Delta Y_n} = -f_Y \end{aligned}\right\} \tag{3-28}$$

改正后的坐标增量应为

$$\Delta X_i = \Delta X_{算_i} + V_{\Delta X_i}$$

$$\Delta Y_i = \Delta Y_{算_i} + V_{\Delta Y_i}$$

(3-29)

(5)坐标推算。用改正后的坐标增量，就可以从导线起点的已知坐标依次推算其他导线点的坐标，即

$$\left.\begin{array}{l} X_i = X_{i-1} + \Delta X_{i-1,i} \\ Y_i = Y_{i-1} + \Delta Y_{i-1,i} \end{array}\right\}$$

(3-30)

4. 附合导线的坐标计算

附合导线的坐标计算方法与闭合导线基本相同，但由于布置形式不同，且附合导线两端与已知点相连，因而只是角度闭合差与坐标增量闭合差的计算公式有些不同。

(1)角度闭合差的计算。如图 3-13 所示，附合导线连接在高级控制点 A、B 和 C、D 上，它们的坐标均为已知。连接角为 φ_1 和 φ_2，起始边坐标方位角 α_{AB} 和终边坐标方位角 α_{CD} 可根据前述坐标反算计算公式求得。从起始边方位角 α_{AB} 经连接角依照式 (3-15) 可推算出终边的方位角 α'_{CD}，此方位角应与反算求得的方位角（已知值）α_{CD} 相等。由于测角有误差，推算的 α'_{CD} 与已知的 α_{CD} 不可能相等，其差值即为附合导线的角度闭合差 f_β，即

$$f_\beta = \alpha'_{CD} - \alpha_{CD}$$

(3-31)

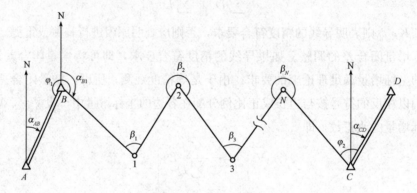

图 3-13　附合导线示意图

终边坐标方位角 α'_{CD} 可用式 (3-15) 推求，也可用下列公式直接计算出终边坐标方位角。用观测导线的左角来计算方位角，其计算公式为

$$\alpha'_{CD} = \alpha_{AB} - n \cdot 180° + \sum \beta_左$$

(3-32)

用观测导线的右角来计算方位角，其计算公式为

$$\alpha'_{CD} = \alpha_{AB} + n \cdot 180° + \sum \beta_右$$

(3-33)

式中　n——转折角的个数。

附合导线角度闭合差的一般形式可写为

$$f_\beta = (\alpha_{AB} - \alpha_{CD}) \mp n \cdot 180° \genfrac{}{}{0pt}{}{+ \sum \beta_{左}}{- \sum \beta_{右}} \tag{3-34}$$

附合导线角度闭合差的调整方法与闭合导线相同。需要注意的是，在调整过程中，转折角的个数应包括连接角，若观测角为右角时，改正数的符号应与闭合差相同。用调整后的转折角和连接角所推算的终边方位角应等于反算求得的终边方位角。

(2)坐标增量闭合差的计算。如图 3-14 所示，附合导线各边坐标增量的代数和在理论上应等于起、终两已知点的坐标值之差，即

$$\left. \begin{array}{l} \sum \Delta X_{理} = X_B - X_A \\ \sum \Delta Y_{理} = Y_B - Y_A \end{array} \right\} \tag{3-35}$$

由于测角和量边有误差存在，所以计算的各边纵、横坐标增量代数和不等于理论值，产生纵、横坐标增量闭合差。其计算公式为

$$\left. \begin{array}{l} f_X = \sum \Delta X_{算} - (X_B - X_A) \\ f_Y = \sum \Delta Y_{算} - (Y_B - Y_A) \end{array} \right\} \tag{3-36}$$

附合导线坐标增量闭合差的调整方法以及导线精度的衡量均与闭合导线相同。

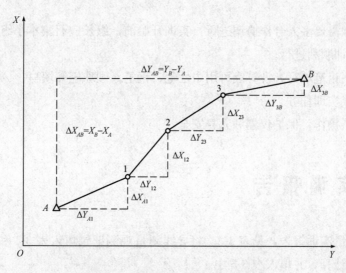

图 3-14　附合导线坐标增量示意图

(六)检查导线测量错误的方法

1. 角度闭合差超限，检查角度错误

根据未经调整的角度自 A 向 B 计算各边的坐标方位角和各导线点的坐标，再同样从 B 向 A 进行计算。如果只有一点的坐标极为接近，而其他各点均有较大的差数，则在该点测角有误。

对闭合导线从一点开始以顺时针和逆时针方向同法进行检查。

2. 全长闭合差超限

检查边长或坐标方位角的错误在角度闭合差未超限时，方可进行全长闭合差的计算。全长闭合差超限时错误可能发生于边长或坐标方位角。

(1)错误发生于边长：闭合差 BB' 将平行于错误边。

(2)坐标方位角用错：闭合差将大致垂直于错误方向的导线边。

根据公式计算得 α，将其与各边的坐标方位角相比较。有与之相差约 $90°$ 者，坐标方位角可能有用错或算错；有与之平行或大致平行的导线边，可能边长有误。

3.4 注意事项

(1)本次实训为综合实训，综合运用了以前学习的内容，实训前请认真复习相关知识。

(2)本次实训需要多人合作协调进行，实训开始前，组长应召集本小组同学充分讨论和分工，以保证实训顺利进行。

(3)记录表用铅笔填写，计算表可用中性笔、钢笔、圆珠笔等填写。

(4)按时完成实训任务。

(5)规范仪器操作，保护仪器和人身安全。

3.5 实训报告

填写导线测量实训报告，见表 3-3。将导线测量观测记录填入表 3-4 和表 3-5 中，对导线进行近似平差计算，并填入表 3-6 中。

表 3-3　导线测量实训报告

项目名称/ 任务名称	导线测量		时间	星期一、星期二、星期三
			地点	校园
目的要求	掌握导线外业测量方法和内业计算的方法			
序号	任务及问题	解答		
1	什么叫作导线、导线点、导线边、转折角?			
2	导线的形式主要有哪几种? 分别在什么情况下采用?			

序号	任务及问题	解答
3	简述一级导线的技术要求。	
4	导线选点工作的注意事项有哪些?	

序号	任务及问题	解答
5	简述导线外业工作中仪器安置的方法。	
6	简述测回法测角的步骤。	

序号	任务及问题	解答
7	如何计算闭合导线和附合导线的角度闭合差?	
8	如何根据导线各边的坐标方位角确定坐标增量的正负号?	

序号	任务及问题	解答
9	何谓导线坐标增量闭合差？何谓导线全长相对闭合差？坐标增量闭合差是根据什么原则进行分配的？	
10	闭合导线与附合导线的内业计算有何异同点？	

序号	任务及问题	解答
11	什么是坐标正算？什么是坐标反算？坐标反算时坐标方位角如何确定？	
12	导线测量出错时应如何检查导线错误？	
13	对自己在导线测量过程中遇到的问题进行总结。	

表 3-4 导线测量观测记录表(一)

组　号：　　　　　　　　　　　　　　天　气：　　　　　　　　　　　成像：

观测者：　　　　　　　　　　　　　　记录者：　　　　　　　　　　　日期：

序号	测站	目标	竖盘位置	水平度盘读数			半测回角值			一测回平均角值			水平距离/m		备注
				°	′	″	°	′	″	°	′	″	观测值	平均值	
			盘左												
			盘右												
			盘左												
			盘右												
			盘左												
			盘右												
			盘左												
			盘右												
			盘左												
			盘右												
			盘左												
			盘右												
			盘左												
			盘右												
			盘左												
			盘右												
			盘左												
			盘右												
			盘左												
			盘右												
			盘左												
			盘右												
			盘左												
			盘右												

表 3-5 导线测量观测记录表(二)

组　号：　　　　　　　　　　　　天　气：　　　　　　　　　　　成像：

观测者：　　　　　　　　　　　　记录者：　　　　　　　　　　　日期：

序号	测站	目标	竖盘位置	水平度盘读数			半测回角值			一测回平均角值			水平距离/m		备注
				°	′	″	°	′	″	°	′	″	观测值	平均值	
			盘左												
			盘右												
			盘左												
			盘右												
			盘左												
			盘右												
			盘左												
			盘右												
			盘左												
			盘右												
			盘左												
			盘右												
			盘左												
			盘右												
			盘左												
			盘右												
			盘左												
			盘右												
			盘左												
			盘右												
			盘左												
			盘右												
			盘左												
			盘右												

表 3-6 导线近似平差计算

序号	点名	观测角	方位角	边 长	v_x ΔX_i	X_i	v_y ΔY_i	Y_i
A								
B								
1								
2								
3								
4								
5								
6								
C								
D								
	$\Sigma\beta$		Σ					
$K=1/$		$f_\beta=$ ″	$f_x=$			$f_y=$		
$f_{\beta允}=\pm$ ″			导线略图					

项目4　工程放样

当施工控制网建立后，为满足工程建设的要求，需要将已设计好的资料在实地标出，以便施工，这个过程我们称为放样。由于施工是以放样出的标桩作为依据，故放样的过程不容许有任何一点差错；否则，将会影响施工的进度和质量。因此，在进行施工放样时一定要具有高度的责任心。

施工放样(施工测量、测设)：将图纸上设计的建筑物、构筑物的平面位置和高程按设计要求，以一定的精度在实地标定出来，作为施工的依据。即按设计的要求将建(构)筑物各轴线的交点、道路中线、桥墩等点位标定在地面上。施工放样是施工的依据，必须认真、负责，绝对不能出现错误。

施工放样一般包括：已知距离的放样、已知水平角的放样、已知高程的放样和平面点位的放样。前两者的放样基本上是平面点位放样中的一部分，或就是其的另一种形式：两个点确定一条线段。已知高程的放样可以采用几何水准法，也可使用三角高程法，最好采用两种方法互相复核。施工放样须遵循先整体、后局部的原则，先放样精度高的点，复核正确后可以继续放样其他点；也可以利用先放样的点，再放样精度低一些的点。

4.1　距离放样

(一)实训应知内容
距离放样实训应知内容见表 4-1。

表 4-1 距离放样实训应知内容

项目名称/ 任务名称	距离放样		时间	星期四
			地点	校园
目的要求	使课本理论与实践相结合，通过现场的实际操作，学生能更熟练地掌握距离放样的几种方法，能够熟练使用钢尺、全站仪放样距离			
序号	任务及问题		解答	
1	距离放样的基本原理是什么？			
2	钢尺有几种类型？			

序号	任务及问题	解答
3	距离放样的方法有哪些？	
4	全站仪距离放样应注意哪些问题？	

(二)距离放样原理

1. 钢尺量距

距离放样，即在地面上测设某已知水平距离，就是在实地上从一点开始，按给定的方向，量测出设计所需的距离，并定出终点。

$$D'=D-\Delta L_0-\Delta L_t-\Delta L_h$$

式中 D'——名义长度，实地要测设的长度；

D——实际长度，需要测设的水平距离；

ΔL_0——尺长改正数，在标准拉力、标准温度条件下钢尺的实际长度 L_t 与钢尺的名义长度 L_0 的差，即 $\Delta L_0 = L_t - L_0$；

ΔL_t——温度改正数，$\Delta L_t = \alpha(t-t_0) \times D$，$\alpha$ 为钢尺的线膨胀系数，一般用 $1.25 \times 10^{-5}/℃$，t 为测设时的温度，t_0 为钢尺的标准温度(一般为 20 ℃)；

ΔL_h——倾斜改正数，$\Delta L_h = -\dfrac{h^2}{2D}$，$h$ 为两端点的高差。

为了计算以上各改正数，应已知所用钢尺的尺长改正数，测出两端点的高差 h，并测量测设时的温度 t。

2. 用光电测距仪(全站仪)测设水平距离

采用具有自动跟踪功能的测距仪测设水平距离时，仪器自动进行气象改正，并将倾斜距离改算成水平距离直接显示。具体方法如下：测设时，将仪器安置在 A 点，测出气温及气压并输入仪器，此时，按测量水平距离功能键和自动跟踪功能键，一人手持反光镜杆立在终点附近，只要观测者指挥手持反光镜者沿已知方向线前后移动棱镜，观测者即能在测距仪显示屏上测得瞬时的水平距离。当显示值等于待测设的已知水平距离 D 时，即可定出终点，如图 4-1 所示。

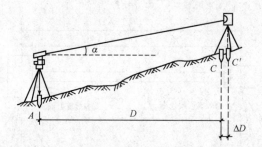

图 4-1　光电测距仪(全站仪)测设水平距离

(三)距离放样实训

1. 实训目的

(1)掌握钢尺距离放样的方法。

(2)掌握全站仪距离放样的操作方法。

2. 实训任务

(1)使用钢尺在地面上放样一条距离 300 m 长的直线。

(2)使用全站仪在地面上放样一条距离 300 m 长的直线。

3. 实训实施

(1)钢尺距离放样(图 4-2)。

1)在 A 点架设测距仪,照准放样方向,将温度、气压值输入测距仪中。

2)在目标方向线上移动反光镜,当平距读数为待放样距离 S 时,固定反光镜。

3)镜站整平后,在目标方向上平移反光镜到目标方向,距离为待放样值 S 为止,固定反光镜;反光镜中心投影到地面点 P',此点即为待定点 P。

4)若需归化放样,则精确测量该距离,其值为 S',差值为 $\Delta S = S - S'$。

5)在 AP' 方向线上,按 ΔS 的符号,向内(外)量取 ΔS,定点 P,则 P 点为最终点位。

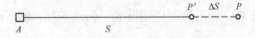

图 4-2　钢尺测设水平距离

(2)全站仪距离放样。

1)仪器加常数设置。如图 4-3 所示,D_0 为 A、B 两点之间的实际距离,而距离观测值则为 D',它是仪器等效发射接收面与反光棱镜等效反射面之间的距离。图中,K_i 为仪器等效发射接收面偏离仪器对中线的距离,称作仪器加常数;K_r 为反光棱镜等效反射面偏离反光棱镜对中线的距离,叫作棱镜加常数。由图 4-3 可知:

$$D_0 = D' + K_i + K_r$$

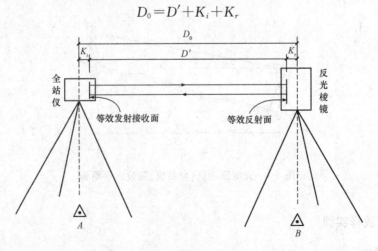

图 4-3　仪器加常数与棱镜加常数

对于仪器加常数 K_i，仪器厂家常通过电路参数的调整，在出厂时尽量使 K_i 为零，但一般难以精确为零；况且即使出厂时精确为零，在使用过程中也会因为电路参数产生漂移而使仪器加常数发生变化，这就要求按《光电测距仪检定规程》(JJG 703—2003)规定定期测定仪器加常数。经检定的仪器加常数 K_i 可在观测前置入仪器。仪器《光电测距仪检定规程》(JJG 703—2003)规定的常数不需要每次都检测和设置，一般在进行一个新的工程项目或有特殊情况下进行检测和设置。仪器加常数简易测定方法如下：如图 4-4 所示，在一条近似水平、长约 100 m 的直线 AB 上，选择一点 C，在预设仪器加常数为零的情况下重复观测直线 AB、AC 和 BC 的长度，观测数次后取其平均值作为最终数值，则仪器加常数为

$$K_i = AB - (AC + CB)$$

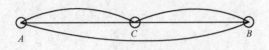

图 4-4　三段法测定仪器加常数

2)棱镜常数设置。一般说来，棱镜加常数 K_r 可由厂家按设计精确制定，且一般不会因经年使用而变动。棱镜加常数一般可在观测前置入仪器。

棱镜加常数的设置请参考全站仪的使用说明书。

3)大气改正设置。光在大气中的传播速度并非常数，随大气的温度和气压的改变而改变，这就必然导致距离观测值含有系统性误差。为了解决这一问题，需要在全站仪中对距离观测值加入大气改正。

全站仪中一旦设置了大气改正系数，即可自动对测距结果进行大气改正。在短程测距或一般工程放样时，由于距离较短，温度的影响很小，大气改正可忽略不计。

根据测量时的温度和气压，利用全站仪使用说明书中提供的大气改正系数的计算公式，即可求得大气改正系数(ppm)。也可以直接输入温度和大气压，由全站仪自行计算大气改正系数。

4)距离放样步骤。如图 4-5 所示，A 为已知点，欲在 AC 方向上定一点 B，使 A、B 之间的水平距离等于 D。具体放样方法如下：

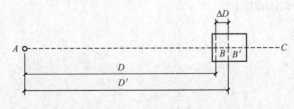

图 4-5　已知距离放样

①在已知点 A 安置全站仪，照准 AC 方向，沿 AC 方向在 B 点的大致位置放置棱镜，

测定水平距离，根据测得的水平距离与已知水平距离 D 的差值沿 AC 方向移动棱镜，至测得的水平距离与已知水平距离 D 很接近或相等时钉设标桩(若精度要求不高，此时钉设的标桩位置即可作为 B 点)。

②根据仪器指挥在桩顶画出 AC 方向线，并在桩顶中心位置画垂直于 AC 方向的短线，交点为 B'。在 B' 点置棱镜，测定 A、B' 之间的水平距离 D'。

③计算差值 $\Delta D = D - D'$，根据 ΔD 用钢卷尺在桩顶修正点位。

4.2 角度放样

(一)实训应知内容

角度放样实训应知内容见表 4-2。

表 4-2　角度放样实训应知内容

项目名称/ 任务名称	角度放样		时间	星期四
			地点	校园
目的要求	使课本理论与实践相结合，通过现场的实际操作，学生能够更熟练地掌握角度放样；能够熟练使用经纬仪、全站仪放样出指定的角度			
序号	任务及问题		解答	
1	角度放样的原理是什么？			

序号	任务及问题	解答
2	什么叫作坐标反算？	
3	正倒镜分中法的思路是什么？	

序号	任务及问题	解答
4	垂线改正法的思路是什么？	

(二)角度放样

1. 正倒镜分中法

如图 4-6 所示，设 OA 为已知方向，要在 O 点以 OA 为起始方向，顺时针方向测设出给定的水平角 β。具体的测设方法是：在 O 点安置经纬仪，盘左位置照准目标 A 点，并将水平度盘配置在 $0°$ 附近(或任意读数 L)；松开照准部制动螺旋，顺时针方向转动照准部，使水平度盘读数为 $L+\beta$，沿视线方向在地面上定出 B' 点。为了检核和提高测设精度，倒转望远镜成盘右位置，重复上述操作，并沿视线方向定出 B'' 点，取 $B'B''$ 的中点 B，则 $\angle AOB$ 即为设计的角度值 β。这种方法又称为正倒镜分中法。

2. 垂线改正法

当测设精度要求较高时，可采用初放水平角 β' 与设计水平角 β 进行差值比较，并沿垂线方向进行改正的方法。如图 4-7 所示，先按正倒镜分中法初步放样，定出 $\angle BAC'$，再用经纬仪观测 $\angle BAC'$ 数个测回，测回数由精度要求决定，求出各测回的平均角值 β'。当 β' 与 β 的差值

$\Delta\beta$超出限差时,则需改正 C 的位置。改正时可根据 AC' 的长度和 $\Delta\beta$ 计算其垂直距离 CC':

$$CC' = AC'\tan\Delta\beta \approx AC'\frac{\Delta\beta}{\rho}(\rho'' = 206\ 265'',\ \Delta\beta\ \text{单位为秒})$$

然后过 C' 点作 AC' 的垂线,在垂线方向上量出 CC' 的长度,定出 C 点,则 $\angle BAC$ 即为放样的水平角。若 $\Delta\beta$ 为正,则按顺时针方向改正 C' 点;若 $\Delta\beta$ 为负,则按逆时针方向改正 C' 点。为检查测设是否正确,还需进行检查测量。

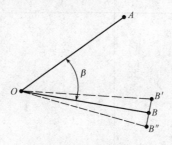

图 4-6 正倒镜分中法

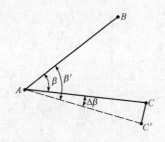

图 4-7 垂线改正法

4.3 高程放样

已知高程的放样是根据施工现场已有的水准点,用水准测量或三角高程测量的方法,将设计的高程测设到地面上,即根据一个已知高程的点,来测设另一个点的高程,使其高差为所指定的数值。

(一)实训应知内容

高程放样实训应知内容见表 4-3。

表 4-3　高程放样实训应知内容

项目名称/任务名称	高程放样		时间	星期四
			地点	校园
目的要求	使课本理论与实践相结合，通过现场的实际操作，学生能够掌握高程放样的主要方法，能够使用水准仪进行高程测设，能够使用全站仪进行高程放样			
序号	任务及问题		解答	
1	简述高程放样的原理。			
2	高程放样的方法有哪些?			

序号	任务及问题	解答
3	简述水准仪高程放样的步骤。	
4	简述全站仪高程放样的原理。	

(二)高程放样原理

1. 水准仪法

如图 4-8 所示，A 为已知水准点，其高程为 H_A，B 为待测设高程点，其设计高程为 H_B。将水准仪安置在 A 和 B 之间，后视 A 点水准尺的读数为 a，则 B 点的前视读数 b 应为视线高减去设计高程 H_B，即

$$b = (H_A + a) - H_B$$

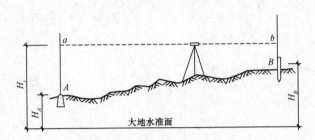

图 4-8　水准仪法高程的放样

测设时，将 B 点水准尺贴靠在木桩的一侧，上、下移动尺子直至前视尺的读数为 b 时，再沿尺子底面在木桩侧面画一刻线，此线即为 B 点的设计高程 H_B 的位置。

例：已知水准点 A 的高程 $H_A = 24.376$ m，要测设某设计地坪标高 $H_B = 25.000$ m。

测设过程如下：

在 A、B 之间安置水准仪，在 A 处竖水准尺，在 B 处设木桩；对水准尺 A 读数，设为 $a = 1.534$ m，则

水平视线高：$H_i = H_A + a = 24.376 + 1.534 = 25.910$(m)

B 点应读数：$b = H_i - H_B = 25.910 - 25.000 = 0.910$(m)

调整 B 尺高度，至 $b = 0.910$ m 时，沿尺底做标记即设计标高 H_B。

实际工作中，标定放样点的方法较多，可根据工程精度要求及现场条件来具体确定。为了便于操作，一般可标明正负高差。土石方工程一般用木桩来标定放样点高程，或标定在桩顶，或用记号笔画记号于木桩两侧，并标明高程值；混凝土工程一般用油漆标定在混凝土墙壁或模板上；当标定精度要求较高时，宜在待放样高程处埋设如图 4-9 所示的高度可调标志，放样时调节螺杆可使顶端精确地升降，一直到顶面高程达到设计标高时为止。

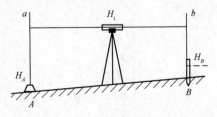

图 4-9　高程的放样

如图 4-10 所示，A 点已知高程为 H_A，B 点为待测设点，其高程为 $H_B = H_A + a + b$，则 B 点应有的标尺读数：$b = H_B - (H_A + a)$，测设时，将水准尺倒立并紧靠 B 点木桩上、下移动，直到尺上读数为 b 时，在尺底画出设计高程 H_B 的位置。

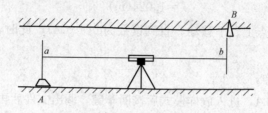

图 4-10　水准仪倒尺放样

2. 全站仪法

如图 4-11 所示，设测设点 P 的高程为 H_P，已知点 A 的高程为 H_A，测定 A 至 P 的水平距离 S、竖直角 α、量取的仪器高 i 及觇标高 v，按下式计算 P' 点的高程。

$$H_{P'} = S \tan\alpha + i - v + H_A$$

将计算的 P' 点高程与 P 点的设计高程比较，求其差值 h，再从 P' 点量 h 值来确定 P 点。

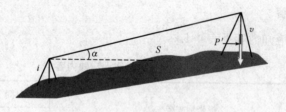

图 4-11　三角高程放样原理

(三)高程放样实训

1. 实训目的

为了更好地将理论与实践相结合，安排了本次教学实训。本次实训是使用全站仪和水准仪进行高程实地放样实训。通过现场的实际操作，学生能更熟练地掌握极坐标法进行一般点位放样。

2. 实训任务

已知 A 点高程 $H_A = 300.250$ m，使用水准仪和全站仪放样出待放点 P 的高程 $H_P = 300.750$ m。

3. 测设步骤

(1)水准仪高程放样。

1)安置仪器于适当位置。

2)后视水准尺立于控制点 A，读取后视尺读数 $a(1\ 524)$。

$$b=(H_A+a)-H_P$$
$$=(300.250+1.524)-300.750$$
$$=1.024(\mathrm{m})$$

3)水准尺立于待放点上、下移动，直到读数为 $b(1\ 024)$，此时，尺子底端就是待放点 P 的位置。

(2)全站仪高程放样。

1)将仪器安置于点 A，进入放样模式后按回车键，调出文件后再按回车键。

2)测站设置(X、Y、H)、输入仪器高 i 后按回车键，进行坐标测量(跟踪测量)。

3)放样，输入待定点坐标(X_P、Y_P、H_P)后按回车键，按 ESC 键开始测量。

4)照准部照准棱镜中心，水平制动，升降棱镜，转动竖直微动螺旋追踪棱镜中心。

5)当屏幕刚好显示出待放点高程时停止升降棱镜，标定 H_P。

4.4　极坐标放样法

(一)实训应知内容

极坐标放样实训应知内容见表 4-4。

表 4-4　极坐标放样实训应知内容

项目名称/ 任务名称	极坐标放样		时间	星期四
			地点	校园
目的要求	使课本理论与实践相结合，通过现场的实际操作能够使学生更熟练地掌握使用极坐标法进行一般点位放样的方法，能够熟练使用经纬仪、全站仪进行放样			
序号	任务及问题	解答		
1	简述极坐标放样法的原理。			

序号	任务及问题	解答
2	什么叫作坐标反算?	
3	简述方位角的概念。	
4	极坐标放样需要计算哪两个要素?	

(二)极坐标放样实训

1. 实训目的

为了更好地将理论与实践相结合,安排了本次教学实训。本次实训是使用经纬仪与钢尺进行一般极坐标点位实地放样实训。通过现场的实际操作,学生能够更熟练地掌握极坐标法一般点位放样的方法。

2. 主要仪器设备

经纬仪、钢尺、计算器、测钎等。

3. 极坐标放样原理

利用数学中的极坐标原理,以两个控制点的连线作为极轴,以其中一点作为极点建立极坐标系,根据放样点与控制点的坐标,计算出放样点到极点的距离(极距)及该放样点与极点连线方向和极轴间的夹角(极角),它们即为所求的放样数据。

如图 4-12 所示,A、B 为地面上已有的控制点,其坐标分别为 X_A、Y_A 和 X_B、Y_B;欲测设 P 点,其设计坐标为 X_P、Y_P。则

$$D = \frac{Y_P - Y_A}{\sin\alpha_{AP}} = \frac{X_P - X_A}{\cos\alpha_{AP}} = \sqrt{(X_P - X_A)^2 + (Y_P - Y_A)^2}$$

$$\beta = \alpha_{AP} - \alpha_{AB}$$

其中

$$\alpha_{AB} = \arctan\frac{Y_B - Y_A}{X_B - X_A} = \arctan\frac{\Delta Y_{AB}}{\Delta X_{AB}}$$

$$\alpha_{AP} = \arctan\frac{Y_P - Y_A}{X_P - X_A} = \arctan\frac{\Delta Y_{AP}}{\Delta X_{AP}}$$

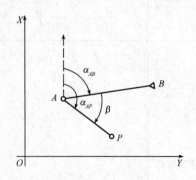

图 4-12 极坐标法

测设时,在 A 点安置经纬仪,瞄准 B 点,先测设出 β 角,得 AP 方向线。在此方向线上测设水平距离 D,即得到 P 点。

4. 放样任务

根据已知控制点 $A(X_A = 3\,923.008,\ Y_A = 5\,607.606)$ 和 $M(X_M = 3\,972.102,\ Y_M = $

5 458.367)，放样 P 点(X_P＝3 992.798，Y_P＝5 695.600)。

5. 放样步骤

(1)计算放样要素。

方位角：α_{AM}＝288°12′33″

α_{AP}＝51°34′52″

水平夹角：$\beta＝\alpha_{AM}－\alpha_{AP}$＝236°37′41″

距离：$D＝\sqrt{\Delta X^2＋\Delta Y^2}$＝112.310(m)

(2)将仪器安置于点 A，在 M 点立照准目标定向，读取水平度盘读数为32°22′18″。

(3)顺时针转动照准部，使水平度盘读数为268°59′59″。

(4)沿视线方向用钢尺量取距离 D＝112.310 m，标定 P 点。

测设步骤：

如图 4-13 所示，根据已知点 A、B 和待测设点 1、2 的坐标，反算出测设数据 D_1、β_1、D_2、β_2。

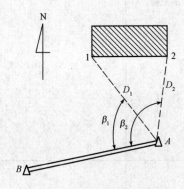

图 4-13 极坐标法测设点位

经纬仪安置在 A 点，后视 B 点，度盘置零，按正倒镜分中法测设水平角 β_1、β_2，定出 1、2 点方向，沿此方向测设水平距离 D_1、D_2，则可在地面测设出 1、2 两点。

检核：实地丈量 1、2 两点水平边长，并与其坐标反算出的水平边长进行比较。

4.5 直角坐标放样法

(一)实训应知内容

直角坐标放样实训应知内容见表 4-5。

表 4-5 直角坐标放样实训应知内容

项目名称/ 任务名称	直角坐标放样		时间	星期四
			地点	校园
目的要求	使课本理论与实践相结合,通过现场的实际操作,学生能够更熟练地掌握使用直角坐标法进行一般点位放样的方法,能够熟练使用经纬仪、全站仪放样			
序号	任务及问题	解答		
1	简述直角坐标法放样的原理。			
2	简述测量坐标系和数学坐标系的区别。			

序号	任务及问题	解答
3	简述建筑方格网法的优点。	
4	简述建筑方格网的测设步骤。	

(二)直角坐标法放样步骤

直角坐标法是根据直角坐标原理测设地面点的平面位置。当施工现场已建立互相垂直的基线或方格网时，可采用此法。

如图 4-14 所示，OA、OB 为两条互相垂直的基线，待测的轴线与基线平行。这时，可根据设计图上给出的 M 点和 Q 点的坐标，用直角坐标法将构造物的四个角点测设于实地。

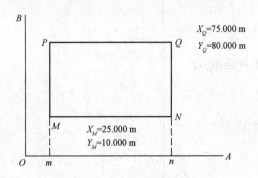

图 4-14　直角坐标法测设点位(一)

首先在 O 点安置经纬仪，瞄准 A 点，由 O 点起沿视线方向测设距离 10 m 定出 m 点，由 m 点继续向前测设距离 60 m 定出 n 点；然后在 m 点安置经纬仪，瞄准 A 点后向左测设 90°角，沿此方向从 m 点起测设距离 25 m 定出 M 点，再向前测设距离 50 m 定出 P 点。将经纬仪安置于 n 点同法测设出 N 点和 Q 点。最后应检查构造物的四角是否等于 90°，各边长度是否等于设计长度，误差在允许范围内即可。

适用条件：现场有控制基线，且待测设的轴线与基线平行。例如，建筑场地已建立建筑基线或建筑方格网。

测设方法（以 1、2 点为例）：

如图 4-15 所示，根据控制点 A 和待测设点 1、2 的坐标，计算 A 点与 1、2 点之间坐标增量 ΔX_{A1}、ΔY_{A1}、ΔX_{12}。

在 A 点安置经纬仪，照准 C 点，测设水平距离 ΔY_{A1} 定出 $1'$ 点。

安置经纬仪于 $1'$ 点。

盘左：照准 C 点(或 A 点)，转 90°给出视线方向，沿此方向分别测设水平距离 ΔX_{A1} 和 ΔX_{12} 定出 1、2 两点。

同法，以盘右位置再定出 1、2 两点。

取 1、2 两点盘左和盘右的中点即为所求点。

检核：在已测设点上架设经纬仪，检测各个角度，或丈量各条边长。

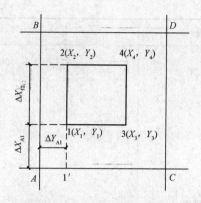

图 4-15 直角坐标法测设点位(二)

4.6 交会放样法

(一)实训应知内容

交会放样法实训应知内容见表 4-6。

表 4-6 交会放样法实训应知内容

项目名称/任务名称	交会放样法		时间	星期四
			地点	校园
目的要求	使课本理论与实践相结合,通过现场的实际操作,学生能够更熟练地掌握使用交会放样法进行一般点位放样的方法。能够熟练使用经纬仪、全站仪放样			
序号	任务及问题		解答	
1	简述角度交会法的原理。			

序号	任务及问题	解答
2	简述距离交会法的原理。	

(二)角度交会法实训步骤

角度交会法又称方向线交会法，适用于待测设点离控制点较远或量距较为困难的地方。

(1)如图 4-16 所示，在两个平面控制点 A、B 上各安置一台经纬仪，盘左后视其他控制点，并对度盘进行坐标方位角配置。

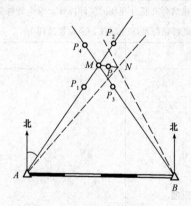

图 4-16　角度交会法测设点位

(2)计算 A、B 点至拟放样点 P 的方位角 α、β。

(3)旋转经纬仪 A 使方位角为 α，观测员指挥画点人员在两视线交点附近画点 P_1、P_2。

(4)旋转经纬仪 B 使方位角为 β，观测员指挥画点人员在两视线交点附近画点 P_3、P_4。

(5)两仪器盘右后视控制点并配置度盘，重复上述(3)～(5)步骤得到交点 M、N。

(6)当 M、N 点间距离小于放样点限差要求时，以 M、N 连线中点作为放样点 P，并标定下来。

(7)重复上述过程放出其他放样点，丈量放样点之间的距离与计算值比较检核。

(三)距离交会法实训步骤

距离交会法是根据两段已知的距离交会出地面点的平面位置。此法适用于待测设点至控制点的距离不超过一整尺的长度，且便于量距的地方。在施工中细部的测设常用此法。

适用条件：当建筑场地平坦且便于量距时，此法较为方便。

测设方法(以 1 点为例)：

如图 4-17 所示，A、B 为控制点，1 点为待测设点。

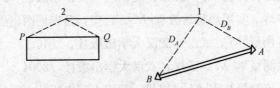

图 4-17 距离交会法测设点位

根据控制点和待测设点的坐标反算出测设数据 D_A 和 D_B。

用钢尺从 A、B 两点分别测设两段水平距离 D_A 和 D_B，其交点即为所求 1 点的位置。

同样，2 点的位置可以由附近的地形点 P、Q 交会得出。

检核：实地丈量 1、2 两点之间的水平距离，并与 1、2 两点设计坐标反算出的水平距离进行比较。

先用直接放样法放样点 P，然后用距离交会法，精确测得点 P 到点 A、B 的距离。再用距离差经归化求得点 P 的位置，如图 4-18 所示。

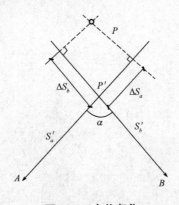

图 4-18 点位归化

参 考 文 献

[1] 李捷斌. 建筑工程测量[M]. 北京：北京理工大学出版社，2013.

[2] 李俊锋，贾春玲. 实用测量学教程[M]. 西安：西安地图出版社，2003.

[3] 王金玲. 工程测量[M]. 武汉：武汉大学出版社，2010.

[4] 张正禄. 工程测量学[M]. 武汉：武汉大学出版社，2004.

[5] 何保喜. 全站仪测量技术[M]. 郑州：黄河水利出版社，2005.

[6] 李俊锋. 工程测量学习指导[M]. 西安：西安地图出版社，2014.

[7] 周相玉. 建筑工程测量[M]. 武汉：武汉理工大学出版社，2011.

[8] 赵桂生. 建筑工程测量[M]. 武汉：华中科技大学出版社，2010.

[9] 刘飞. 控制测量实训指导书[M]. 武汉：武汉理工大学出版社，2012.